INSTRUCTIONS

SUR

LA CULTURE DU COTON

EN ALGÉRIE

PAR A. HARDY

Chevalier de l'ordre Impérial de la Légion-d'Honneur,
Directeur de la Pépinière Centrale du Gouvernement en Algérie, Membre de plusieurs sociétés savantes.

ALGER
IMPRIMERIE DE A. BOURGET, RUE SAINTE, N° 2.

1855.

INSTRUCTIONS

SUR

LA CULTURE DU COTON

En Algérie.

AVERTISSEMENT.

Nous avons composé un travail plus étendu que celui-ci sur la culture du coton en Algérie, que nous avons intitulé : *Manuel du Cultivateur de Coton en Algérie.*

M. le Gouverneur-Général a pensé qu'il serait utile de le réduire à une forme plus simple pour être lu avec fruit par la masse des cultivateurs et être tiré à un grand nombre d'exemplaires.

C'est pourquoi nous nous sommes empressé, d'après ce désir, d'en extraire les présentes *Instructions*, qui ne renferment que ce qu'il importe le plus de savoir concernant le choix du sol et des expositions, l'époque des ensemencements, les soins d'entretien, les précautions à observer pendant la cueillette, etc.

§. 1. — DU COTONNIER EN GÉNÉRAL.

Le cotonnier appartient à la famille des mauves. Ses racines sont pivotantes et s'enfoncent profondément dans le sol, comme celles de ses congénères. Il est originaire des régions tropicales. Ses espèces et ses variétés sont nombreuses ; les unes s'élèvent beaucoup et prennent les dimensions d'un arbre ; les autres s'élèvent peu et restent à l'état de modeste arbrisseau. On donne aux premières le nom de cotonnier arbre, et aux secondes celui de cotonnier herbacé. Il y en a dont le coton est court avec la graine feutrée ; d'autres ont la soie longue avec la graine lisse.

Il a été reconnu que le coton dit *Louisiane*, qui a la soie courte et la graine feutrée, et le Géorgie longue soie, qui a la graine lisse, sont les deux sortes qui conviennent le *mieux* en Algérie, et que le Louisiane est *plus* précoce à fructifier que le Géorgie long.

§. 2. — CHOIX DU SOL ET DE L'EXPOSITION.

Les cotonniers en général ont besoin, pour se développer avec vigueur et donner des produits satisfaisants, d'une terre profonde, très perméable, substantielle, plutôt friable que trop forte. Les sols argilo-calcaires, qui forment la majorité de la croûte arable en Algérie, conviennent à la croissance des cotonniers, tandis que ces végétaux ne donnent aucun bon résultat dans les terres fortes, glaiseuses, froides, qui retiennent les eaux pluviales à leur surface pendant l'hiver et se fendillent ou se crevassent profondément pendant l'été.

Dans les endroits élevés à plus de six cents mètres au-dessus du niveau de la mer, les cotonniers ne mûrissent qu'imparfaitement leurs capsules et la culture n'y est plus avantageuse.

A mesure que le terrain s'élève au-dessus du niveau de la mer, il faut préférer le Louisiane, qui mûrit plus tôt que le Géorgie.

Les terrains naturellement salés conviennent admirablement au développement des plus belles sortes de Géorgie long ou *sea Island*. Dans la Caroline du Sud, on regarde comme éminemment favorables aux belles qualités de longue soie les localités très-voisines de l'Océan, où les eaux douces se rencontrent avec les eaux salées.

Les cotons à courte soie et à graines feutrées réussissent très-bien aussi dans cette situation exceptionnelle ; mais ils ont en outre l'immense avantage de donner d'excellents produits dans l'intérieur des terres, et de réussir à merveille là où le Géorgie longue-soie tend à dégénérer.

On peut dire que le coton Géorgie longue-soie devra toujours voir la mer et croître dans des terrains choisis pour qu'il puisse donner des produits de belle qualité ; tandis que les cotons courts et à graines feutrées, notamment la sorte dite *Louisiane*, étant plus rustiques, pourront se répandre d'une manière plus générale, et s'étendre dans l'intérieur du pays, suivant les conditions qui ont été énumérées plus haut.

§. 3. — ENGRAIS ET AMENDEMENTS QUI CONVIENNENT AUX COTONNIERS.

En général, les fumiers d'étables conviennent, mais on peut y joindre avec avantage des engrais alcalins, tels que les cendres de bois, d'herbes, de varecks et de plantes marines, les charrées des lessives, les tourteaux, les os pulvérisés, des raclures de cornes. On peut, dans certains cas, employer séparément la chaux éteinte, les coquilles marines pulvérisées, notamment les coquilles d'huîtres, le salpêtre, le sel, le sable de mer pris sous la lame, les herbes marines, les graines de cotonniers concassées, etc. Les immondices des villes peuvent être considérées comme un excellent engrais pour les cotonniers lorsqu'elles sont bien consommées.

Les Chinois et les Américains emploient de préférence, comme engrais pour les cotonniers, les boues extraites du curage des fossés et des canaux; dans la Caroline du Sud, on emploie la vase des marais salants. On ne peut pas dire précisément que ces engrais soient préférés à tous autres, dans ces contrées; mais c'est évidemment celui que les habitants ont le plus à leur portée, et qui leur revient le moins cher.

Quant à la dose d'engrais qu'il convient de donner aux terrains destinés à la culture du cotonnier, elle est fort difficile à indiquer à l'avance; elle doit être subordonnée avant tout à l'état de fertilité du sol.

Cependant, le cultivateur peut tirer des indications utiles et immédiates, à ce sujet, de la nature des herbes qui croissent naturellement sur son champ, du nombre, de la vigueur et des espèces des récoltes qui y ont été faites et qui s'y sont succédé.

§· 4. — LABOURS ET PRÉPARATION DU SOL.

Les cotonniers, à raison de la longueur de leurs racines pivotantes qui doivent pénétrer très avant dans le sol, demandent des labours très-profonds. Des labours à la bêche ou au luchet, qui descendraient à 40 centimètres de profondeur, seraient certainement le mode à préférer s'il n'était dispendieux, difficile à exécuter à cause du manque de bras, et, enfin, inapplicable en grand. Cependant, les relations qui nous viennent de la Caroline du Sud indiquent que les Américains ne se servent point d'instruments attelés dans la culture du coton, et que les labours et toutes les autres préparations du sol se font à bras d'homme. La terre est naturellement légère dans ces contrées, et elle se prépare à la houe avec la plus grande facilité. On arrive à ensemencer ainsi des étendues suffisantes en cotonniers, pour que les bras dont on dispose soient absorbés par la récolte du coton, et afin que cette récolte puisse se faire en temps utile. Il faut dire aussi que la nécessité de disposer le terrain en billons élevés, à cause de l'humidité, dans les îles de la Caroline du Sud, qui sont baignées par l'Océan, et où se récoltent les plus beaux cotons longue-soie, à dû influer considérablement sur l'adoption du mode de culture à bras.

Quoiqu'il en soit, le mode de labours à bras ne pourra être que l'exception en Algérie, et l'on y suppléera le plus généralement par la charrue. Mais il est difficile avec cet instrument de faire des labours d'une profondeur convenable. Des labours de vingt cinq centimètres de profondeur, mesurés du côté du champ, sont certainement insuffisants, et cependant les colons assez bien montés en attelages pour les exécuter à cette profondeur, sont encore l'exception. Il y a néanmoins dans les cultures de moyenne étendue, où la terre offrirait un sous-sol par trop compacte, la possibilité d'éviter cet inconvénient, en creusant, avec une bêche, la place que doit occuper chaque plante. J'entends, par *culture de moyenne étendue*, celle qui embrasse une surface de deux à trois hectares. Dans l'importance que l'on a l'intention de donner à la culture du cotonnier, il convient surtout d'avoir le plus grand égard, outre aux moyens d'exécution ordinaires que l'on possède, à la main-d'œuvre dont on pourra disposer lorsqu'il s'agira de faire la récolte.

On doit toujours choisir de préférence, pour la culture du cotonnier, des terres qui aient déjà produit d'autres récoltes, et qui soient dans un bon état de préparation. Il faut que le sol soit complètement purgé de toutes mauvaises herbes, de toutes racines vivaces et parasites, telles que le chiendent, etc. Si la culture que l'on désire établir doit se faire sur un défrichement récent, il est nécessaire que les labours soient multipliés pour amener le terrain à l'état de division et de netteté convenables. Il faut s'y prendre, dans ce cas, une saison à l'avance, et donner les premières façons à l'automne. Trois ou quatre labours croisés, à un mois d'intervalle, ne sont souvent pas de trop pour arriver à une préparation satisfaisante. Chaque labour doit être complété par des hersages énergiques, afin de bien diviser le sol et d'en extirper toutes les racines des mauvaises herbes.

Dans les exploitations où l'on dispose de nombreux attelages et de beaucoup de force, on peut augmenter, mécaniquement, d'une manière très-notable et très-efficace, la profondeur des labours, en faisant suivre la charrue ordinaire, dans chaque raie, d'une bonne *charrue sous-sol,* qui demande ordinairement quatre paires de bœufs vigoureux pour fonctionner convenablement.

Une machine à défoncer, nouvellement inventée en France par M. Guibal, de Castres, et que l'on nomme *Défonceuse-Guibal*, pourrait être employée très utilement dans ce cas. Voici la description qu'en fait M. Barral, dans le *Journal d'Agriculture pratique*, en son remarquable travail sur le drainage.

« Cette défonceuse se compose d'une « roue armée de deux ou plusieurs rangées « de dents tournant autour de l'essieu porté « par le brancard. Cette roue dans son état « actuel est en fonte, a 80 centimètres de « diamètre et pèse 300 kilogrammes; les 32 « dents ou pioches placées sur sa circonfé- « rence ont 30 centimètres de longueur. « Une ou deux paires de bœufs la mènent « très-facilement dans une raie ouverte par « une charrue qui marche en avant.

« Pour transporter la machine d'un ter- « rain dans un autre, on la monte sur deux

« grandes roues de voiture. Il n'y a d'autre
» limite à la profondeur de la tranchée que
« le diamètre de la roue, qu'on peut aug-
« menter à volonté; on atteint facilement
« 0 m. 80 à 1 mètre. Le prix de la machine
« ne dépasse pas 300 francs. Nous sommes
« convaincu que l'essai en donnera de bons
« résultats, après quelques modifications que
« l'expérience suggérera. »

Cette machine a été expérimentée dans plusieurs concours; nous même, nous venons de l'essayer et nous pouvons affirmer qu'elle réalise tout le bien qu'on en dit; il paraît certain qu'elle rendra les plus grands services en Algérie, où les labours profonds et les défoncements ont tant d'importance. Avec cette machine, on pourrait remuer la terre à 50 centimètres de profondeur, en la faisant précéder par une charrue ordinaire, qui déjà creuserait la raie à 20 centimètres.

Après le dernier labour, le terrain doit être bien ameubli et aplani par les hersages. Il reste, ensuite, à disposer cette surface selon le mode de culture que l'on doit suivre.

On cultive le cotonnier avec ou sans irrigations. Il est parlé des irrigations et de leur influence, dans un chapitre spécial. Quant aux situations où l'on ne peut jouir de leur avantage, on conçoit qu'il faut compenser les effets qu'elles produiraient sur la végétation par une plus large préparation du sol, qui aménage et conserve l'humidité acquise, au moyen de labours profonds, des engrais et des binages souvent répétés.

Pour les cultures sans irrigation, le semis à plat doit être préféré généralement à celui fait sur billon, parce que la terre se dessèche moins ainsi. Il ne pourrait y avoir d'exception que pour les terrains humides ; mais alors ces sortes de terrains ne doivent pas être choisis pour la culture du cotonnier, parce qu'ils excitent par trop la végétation foliacée, au détriment de la fructification, qui est forcément reculée dans la mauvaise saison, où elle ne peut venir à bien. On pourrait penser aussi que le semis fait sur un billon serait moins noyé par les grosses pluies que celui fait à plat. Il n'en est rien. Lorsque les pluies viennent compromettre les semis, c'est qu'elles ont, alors, une trop basse température et qu'elles durcissent le sol à la surface ; c'est ordinairement un indice que l'on a semé trop tôt, ou tout au moins, lorsque cette circonstance désastreuse se présente, le semis en billon n'est pas mieux préservé que celui à plat ; il n'en faut pas moins les recommencer dans l'un comme dans l'autre cas. En un mot, lorsque les pluies et autres circonstances atmosphériques sont défavorables au point de détruire les semis faits à plat, ceux faits en billons ne résistent pas davantage. Le semis à plat paraît donc devoir être généralement préféré dans les terrains non soumis à l'irrigation.

Lorsque ce terrain a été bien ameubli et aplani par les hersages, on trace des lignes dans le sens de la longueur et de la pente du terrain, qui devront, plus tard, être occupées par les plantes de cotonniers, dont la place se trouve indiquée par d'autres lignes tracées transversalement ; chaque point d'intersection indique la place que doivent occuper les plantes ; la distance à observer entre elles est indiquée au chapitre des ensemencements.

Le moyen de tracer ces lignes le plus correctement et de donner le plus de régularité est de se servir d'un cordeau et de la pointe d'un échalas. Mais on peut employer un mode plus expéditif en se servant d'une espèce de traçoir à deux branches, appelé en Provence *enrégaïré*, qu'un homme tire après lui, en se dirigeant aussi droit qu'il lui est possible.

Dans les petites exploitations, où l'on ne possède pas des attelages assez puissants pour exécuter les labours à une profondeur suffisante, on peut y suppléer très-efficacement en creusant avec la bêche, à la place marquée pour chaque plante, une petite fosse de quarante centimètres de largeur en carré, sur autant de profondeur. L'ouvrier va à reculons, en remplissant la fosse qui est ouverte devant lui, avec la terre extraite de celle qu'il creuse, et ainsi de suite, de manière qu'une fosse ouverte est aussitôt recomblée par la terre de la fosse voisine. On a toujours soin de terminer le remplissage à la surface, par la meilleure terre, dans laquelle devront être disposées plus tard les graines. Un homme un peu exercé peut faire environ cinq cents de ces fosses en un jour, mais il peut en faire plus, comme il peut en faire moins, selon la nature du sol auquel il a affaire.

Lorsque la culture du cotonnier peut s'effectuer avec le secours des irrigations, il faut tout d'abord et avant le semis, disposer la surface du sol pour que la répartition des eaux puisse se faire facilement et uniformément partout, Au moyen d'un niveau d'eau on commencera par reconnaître les pentes de son terrain ; on adopte, pour la direction à donner aux sillons, celles qui sont les plus régulières et les moins rapides. Si ces pentes étaient trop fortes, l'eau coulerait dans les rigoles avec beaucoup trop de rapidité et ne détremperait pas suffisamment le terrain. On établit alors diverses lignes de jalons pour indiquer la direction à donner aux sillons.

Ce travail préliminaire achevé, on forme des billons dans le sens indiqué par les jalons distants les uns des autres de soixante-dix centimètres à un mètre et quelquefois plus, de sommet à sommet, selon la distance qui devra être observée entre les plantes et dont il est parlé au chapitre des ensemencements.

On peut se servir d'une charrue ordinaire pour former les billons, mais leur exécution en est rendue ainsi plus longue et plus difficile en ce qu'il faut *endosser* plusieurs raies les unes sur les autres ; on ne peut faire jamais moins de deux tours pour les billons de moindre largeur ; il en faut le plus souvent trois et quelquefois quatre pour les plus grands espacements. Il y a aussi, par ce moyen, l'inconvénient des *enrayures* et des *dérayures* qui se répètent autant de fois qu'il y a de billons.

La formation des billons est notablement simplifiée par l'emploi de charrue à deux versoirs, dite *buttoir*, avec laquelle il n'y a qu'à *fendre* le terrain, et qui, versant la terre de deux côtés à la fois, forme deux moitiés de billons d'un seul trait. On règle l'écartement des versoirs, selon la largeur à donner aux billons.

On peut ensuite régulariser la surface du billon et diviser la terre, si elle est restée motteuse, au moyen d'une herse articulée, qui conserve au billon sa forme bombée.

Les graines sont ensuite déposées sur le revers du billon opposé à l'action des vents régnants et sur lequel le soleil projette le plus longtemps ses rayons.

§. 5. — ENSEMENCEMENTS.

Il ne faut pas perdre de vue que le cotonnier est originaire des pays les plus chauds du globe, et qu'il a absolument besoin d'une quantité donnée de chaleur pour se développer. Si, dans l'espoir de rapprocher le terme de la maturité, on en mettait la graine en terre avant que les mauvais temps ne fussent tout à fait passés et avant que le sol n'eût pris le degré de chaleur convenable, on courrait sans aucun doute le risque de perdre sa semence et son temps, car la graine mise en contact avec le sol froid et humide pourrit infailliblement.

Il y a plus d'inconvénients à semer trop trop tôt que tard. Les documents qui nous viennent des Etats-Unis d'Amérique nous apprennent que, là aussi, les planteurs manquent souvent leurs semis pour avoir voulu semer trop tôt.

Il y a des années où les ensemencements peuvent se faire avec chances de succès dès le 15 avril ; dans d'autres c'est à peine si l'on peut confier la graine à la terre dans la première quinzaine de mai. Pour reconnaître si le moment favorable d'opérer ces sortes de semis est venu, on en est réduit à s'aider des pronostics tirés des phénomènes météorologiques et de la végétation environnante. On observe d'abord si le vent d'ouest n'a plus la même persistance ; si son action ne se fait plus sentir depuis quelque temps ; si une brise légère lui a succédé ; si les pluies froides et les giboulées qui tombent encore quelquefois très-tard au printemps sont remplacées par des pluies douces et fines ; si la température des nuits se maintient assez élevée, et si la température du sol est au moins de quinze degrés centigrades à quinze centimètres de profondeur, vers le moment où le soleil se lève.

Les indices utiles que peut donner la végétation spontanée sont les suivants : lorsque l'on voit les germes d'un grand nombre d'espèces d'arbres se développer à la fois; lorsque les saules, les peupliers, mais surtout les mûriers blancs en plein vent ont déjà des bourgeons développés sans que les feuilles se rouillent sur leurs bords par l'action du vent et l'effet du refroidissement, il est à peu près certain que le moment est venu de mettre la graine de coton en terre.

Si, nonobstant toutes les précautions requises, la terre devenait sèche avant que les ensemencements eussent été effectués, il faudrait humecter la place que doit occuper chaque plante, même en y apportant de l'eau, si on n'a pas de moyens d'arrosages naturels, car il vaut mieux, dans les cas où l'on ne peut irriguer, s'assujettir à ce surcroît de travail et obtenir ce qui peut être considéré comme l'un des principaux éléments de réussite dans la récolte, *une belle levée*, que de risquer de la perdre, soit en mettant la graine en contact avec de la terre sèche, soit en la mettant dans une terre humide et froide.

L'humectation, en cas de sécheresse précoce, de la place ou du potet où doivent être déposées les graines, en y apportant de l'eau avec des tonneaux, qui est ensuite répartie à chaque place à raison de deux litres environ, ne constitue pas un travail énorme et des frais que la culture du coton ne puisse supporter. C'est un moyen que l'on emploie pour les repiquages des tabacs et autres plantes cultivées en grand.

Dans les terres soumises à l'irrigation, l'opération est infiniment plus simple ; il suffit de mettre l'eau dans les rigoles qui existent entre les billons, et de répandre la graine un jour ou deux après et dès que la terre est suffisamment ressuyée. On peut alors retarder le semis jusqu'à ce que la chaleur soit devenue constante et l'on est ainsi toujours assuré du succès de la levée.

L'espacement à observer dans le semis est

avant tout subordonné à la fertilité du sol auquel on a affaire et au développement présumé que les plantes doivent prendre; mais il faut aussi avoir égard au mode que l'on se propose d'employer pour les binages, si on doit opérer avec des instruments attelés, ou si l'on doit faire ces travaux exclusivement à bras.

Dans un terrain où les plantes s'élèvent à 1 mètre environ de hauteur, l'espacement de 1 mètre entre les lignes et de 80 centimètres sur la ligne est convenable; il sera certainement insuffisant, dans les terrains à fond frais où les cotonniers se développent avec une vigueur extraordinaire et atteignent quelquefois jusqu'à près de 2 mètres de hauteur; dans ce cas, il faudrait au moins 1 mètre 50 centimètres entre les lignes et 1 mètre sur chaque ligne.

Dans les terrains où les cotonniers ne s'élèvent que de 50 centimètres à 1 mètre, on pourra restreindre l'espacement à 80 centimètres entre les lignes, et à 50 centimètres sur la ligne. La culture du cotonnier à soie longue n'offre plus guère de chances de bénéfices dans les terrains dont la fertilité ne serait pas suffisante pour que les plantes occupassent entièrement cet espacement. Les sortes à courte soie pourraient seulement donner encore des récoltes fructueuses dans les terrains qui demanderaient un plus grand rapprochement.

La graine de coton, venue dans de bonnes conditions, conserve sa faculté germinative pendant trois ans environ ; mais lorsqu'on le peut, il vaut mieux semer de la graine de la dernière récolte. Il convient aussi de choisir sa graine parmi les produits des premières cueilles de coton ; c'est une mesure utile et qui peut aider à obtenir, de proche en proche, des plantes plus précoces à fructifier; toutefois il faut que ces graines ne soient admises que revêtues du cachet qui doit caractériser la perfectibilité du produit que l'on recherche, c'est-à-dire que les filaments qui y sont adhérents, s'il s'agit de la sorte dite *Géorgie*, soient longs, fins, soyeux, nerveux, fournis, etc.

Beaucoup de cultivateurs pensent se ren dre compte de la qualité germinative des graines du cotonnier en les jetant dans l'eau ; celles qui surnagent, et c'est le plus grand nombre, sont considérées par eux comme impropres à la germination. Cette conclusion n'est pas exacte, car les meilleures graines surnagent, et ne vont au fond de l'eau que lorsque leurs téguments se sont saturés d'une certaine dose de liquide, circonstance qui arrive également pour de vieilles graines et reconnues impropres à la germination. On ne peut tirer aucune indication utile de cette expérience.

Avant de semer, on peut faire tremper la graine quelque temps à l'avance, pour en hâter la germinaison dans le sol. A cet effet, on la met dans un vase, où l'on verse de l'eau en petites quantités, en ayant soin de la remuer souvent; puis on couvre le vase et ont le met dans un endroit chaud ou au soleil pendant le jour. La graine ne doit pas rester plus de deux jours dans cet état. Il faut la semer de suite à l'expiration de ce délai, en ayant soin de la mettre en contact avec de la terre fraîche, afin que la germination se continue sans interruption ; autrement, la graine serait perdue et le semis manqué.

Le pralinage des graines avec un engrais pulvérulent très-actif serait aussi un excellent moyen de hâter la levée des graines, et de donner aux jeunes plantes une grande vigueur. On remarque, en effet, que souvent les jeunes cotonniers éprouvent un temps d'arrêt dans la végétation dès qu'ils sortent du sol, pour peu que la température vienne à baisser. Dans cet état de langueur, des myriades de pucerons ne manquent pas de venir les assaillir, et contribuent encore à leur dépérissement. En roulant la graine sortant du vase où elle a trempé, tandis qu'elle est encore mouillée, dans de la *colombine*, de la *poudrette,* du *guano* ou du *sang desséché*, pourvu que la substance que l'on emploie soit bien sèche, pulvérisée et passée au tamis, de manière qu'elle s'incorpore bien à la graine, on obtiendra de bons résultats ; on devrait en outre ajouter à cette poudre un tiers de suie bien pulvérisée ou de la fleur de souffre. Un pralinage exécuté de cette façon aurait pour résultat de donner plus de vigueur aux jeunes plantes et d'éloigner les insectes par l'amertume des substances qui y sont introduites.

Je ne saurais trop appeler l'attention des planteurs sur les bons effets qui résultent d'ordinaire du mélange à la semence d'engrais pulvérulents et énergiques.

Il n'est pas douteux un seul instant que

cette pratique aurait pour résultat d'accélérer la végétation des jeunes cotonniers, et de diminuer cet état de faiblesse qui caractérise le premier âge de ces végétaux, comme aussi de donner plus de vigueur aux plantes.

Il faut de six à dix kilogrammes de graine pour ensemencer un hectare en cotonniers, selon le soin que le cultivateur met dans la distribution qu'il en fait dans le sol, et selon la distance que l'on a arrêté pour l'espacement entre les plantes.

Lorsque l'on se propose de faire les binages par la houe à cheval, il vaut mieux resserrer davantage les plantes sur les lignes et écarter celles-ci davantage, afin de laisser un peu plus de liberté d'action pour l'instrument attelé, sans courir autant le risque de briser les plantes lorsque déjà elles se sont développées.

Les graines de cotonniers s'enterrent à peu près de la même manière que les haricots. Sur chaque place préparée ainsi qu'il a été dit plus haut, on fait un potet avec une binette, on y dépose quatre ou cinq graines que l'on distance de quelques centimètres les unes des autres ; puis on les recouvre de deux travers de terre bien émiettée, que l'on appuie légèrement avec le dos de la binette pour que la sécheresse pénètre moins; ceci s'entend du semis en *touffe* ou en *potet*; mais pour le semis en *lignes* on ouvre une rigole avec un rayonnoir, et l'on y laisse tomber la graine, que l'on recouvre avec un râteau ou un rabot. Ce dernier mode est le plus expéditif, mais il est le moins parfait, et l'on ne saurait l'employer avec sécurité que lorsque l'on peut irriguer le semis et lorsque la terre n'est pas de nature compacte.

Dans les terres compactes et de nature à se *croûter* et durcir sous l'action des pluies et des arrosements, il est utile de recouvrir la semence avec une bonne poignée de sable, auquel on aurait ajouté un quart environ de terreau parfaitement consommé et tout à fait pulvérulent. L'emploi du sable pour recevoir la semence a déjà produit les plus beaux résultats dans la province d'Oran; pour les terres qui renferment une forte proportion d'argile, l'addition du terreau ne peut que contribuer à donner plus de vigueur aux semis et hâter leur croissance.

Si le semis a été bien fait, et si la température et l'humidité ont été favorables, les jeunes plantes sortent de terre au bout de cinq à six jours. Dans les endroits où les germes ne seraient pas nés par un accident quelconque, il faut s'empresser d'en faire le remplacement par de nouvelles graines afin d'éviter toute lacune dans la plantation.

§. 6 — REPIQUAGE DES COTONNIERS.

Plusieurs personnes ont pensé qu'en semant le cotonnier de bonne heure, à bon abri, en pépinière, et en le repiquant ensuite en plein champ, à la fin d'avril, ainsi qu'on le fait pour le tabac, on arriverait à obtenir des plantes plus précoces à fructifier et à rapprocher le terme de la maturité.

Les faits ne sont pas venus confirmer cette théorie ; ils démontrent au contraire que cette méthode augmenterait beaucoup les frais de main-d'œuvre, et que les résultats demeurent bien inférieurs à ceux obtenus par le semis en place.

Règle générale : le cotonnier ne croît avec vigueur et ne prospère réellement que lorsque la température est suffisamment élevée et qu'elle est constante. Les jeunes plants de cotonniers élevés dans une pépinière où, par des moyens artificiels, on a accumulé une certaine dose de chaleur, étant ensuite transportés dans les champs où la température est notablement plus basse, et où cet abaissement se maintiendra encore pendant quelque temps, ne feront que languir durant ces alternatives, si toutefois ils ne meurent pas.

La transplantation, l'*arrachage*, est une opération violente, pendant laquelle les fonctions vitales du végétal, pris dans cette condition, sont suspendues. Il faut un délai plus ou moins long pour que le jeune plant se remette de cette crise et qu'il ait formé de nouvelles racines qui lui permettent de rétablir l'équilibre dans ses fonctions. On peut admettre que les jeunes plants reprennent tous, ou à peu de chose près, mais il est certain qu'un retard considérable est apporté dans leur développement.

Ainsi, de la graine de cotonniers mise en terre dans les mêmes conditions et en même temps que des jeunes plants repiqués, donnera naissance à des plantes dont la végétation ne sera pas interrompue; au bout d'un mois, il n'y a plus aucune différence entre le développement des sujets venus de graines et ceux repiqués.

A diverses reprises, j'ai fait semer en février, dans des pots et sous châssis, des graines de cotonniers. Dans les premiers jours du mois de mai, je les ai fait mettre en pleine terre, ayant de quatre à cinq feuilles au-dessus des cotylédons. J'ai fait semer en même temps, en place, et dans les mêmes conditions, de la graine de la même espèce. A la fin de juin, il n'y avait plus de différence entre le développement des plantes élevées en pots et celles semées sur place. La floraison, la fructification, la maturité ont eu lieu simultanément dans l'un comme dans l'autre cas.

On peut voir que la transplantation et le repiquage des cotonniers ne présentent aucun avantage et qu'ils ne peuvent, au contraire, qu'entraîner à des frais plus considérables sans résultats correspondants.

Dans les documents que j'ai consultés sur la culture du coton, je n'ai vu indiquer nulle part que l'on employât le repiquage, excepté dans l'Inde, où l'on se sert de ce moyen pour garnir les vides et les manques dans les plantations. Mais on a soin d'ajouter qu'il faut se dispenser du repiquage dans toute autre circonstance, attendu que *cette opération retarde la maturité de quinze jours.*

J'ajouterai que, même pour les remplacements, il est préférable, sous tous les rapports, de semer de la graine en place.

§. 7 — ARROSEMENTS ET IRRIGATIONS.

Quoique les cotonniers donnent de bons produits dans les terrains non arrosés, surtout lorsque le sol a été labouré profondément afin que les racines puissent le pénétrer sans obstacle pour aller chercher la fraîcheur, et lorsque ce sol réunit les éléments de fertilité nécessaires, il n'en est pas moins vrai que, souvent, la sécheresse paralyse la croissance des plantes, et que la récolte s'en trouve notablement diminuée.

Les irrigations données à propos aux cotonniers, non seulement augmentent notablement les produits de la récolte, sauf, toutefois, dans les terrains naturellement humides ; mais encore préservent les résultats de cette culture des éventualités toujours menaçantes occasionnées par la sécheresse. Les irrigations sont le moyen de *normaliser* en quelque sorte, les conditions d'existence et de prospérité de certains végétaux cultivés, tels que les cotonniers. Dans le choix que l'on doit faire du sol et de l'exposition, selon les indications déjà produites au paragraphe 3 de ce travail, il est très-essentiel, et l'on doit se trouver très-heureux de pouvoir y joindre l'arrosage.

L'arrosage offre, en effet, une immense facilité pour assurer la réussite des ensemencements. On a pu se convaincre que la germination des graines et la levée des jeunes plants de cotonniers ne s'effectuent d'une manière satisfaisante qu'autant que le sol réunit à la fois une certaine dose d'humidité et une chaleur soutenue. Souvent, pour mettre à profit la circonstance d'une pluie que l'on croit la dernière, on sème avant que le sol soit suffisamment échauffé ; le semis périclite faute de chaleur suffisante. Quand, au contraire, on attend que la température ait atteint une élévation tout à fait convenable, on court quelquefois le risque d'être surpris par la sécheresse ; la graine alors ne peut germer faute d'humidité. Les irrigations offrent le seul moyen efficace de s'affranchir de ces alternatives, en s'ajoutant à propos pour remplacer l'un des agents naturels et indispensables à l'acte de la germination. Avec elles, on a tout avantage à attendre que la température moyenne se soit en quelque sorte équilibrée entre le jour et la nuit, et à différer le semis jusqu'à la deuxième quinzaine du mois de mai ; on obtient alors la combinaison exacte de la chaleur et de l'humidité, combinaison si favorable au developpement des jeunes cotonniers.

Lorsque la terre arrosée est assez ressuyée pour ne pas se pétrir et se mastiquer sous les instruments, on procède à l'ensemencement ainsi qu'il a été indiqué au paragraphe 6, en ayant soin de ramener par-dessus la terre humectée qui recouvre les graines, un peu de terre meuble du voisinage de la rigole, qui n'ait pas été mouillée. Cette précaution est utile pour empêcher la terre humectée de se sécher trop vite, et même de se gercer s'il arrivait qu'elle contînt encore de l'humidité en excès, au moment du travail.

Il est très-important que les irrigations précèdent toujours l'ensemencement pour que la levée soit prompte et régulière. Lorsque les arrosements, soit à l'eau courante, soit à l'arrosoir, sont faits après que la graine a été mise en terre, le sol se tasse et se durcit ; il se forme bientôt au-dessus des graines, une croûte très-dure, une sorte de plancher qui intercepte l'action de l'air, et que les jeunes plantes naissantes ne peuvent ni traverser ni soulever. Tout au plus trouvent-elles un passage fortuit au travers des crevasses qui se forment, mais aussi qui, la plupart du temps, mettent leurs racines à nu et les exposent à périr. Le plus grand nom-des germes, ou mieux des *plumules*, pour parler techniquement, ne peuvent se frayer un passage et avortent.

Toute irrigation, tout arrosement, donnés par-dessus le semis avant la naissance des plantes et le parfait développement des cotylédons, ne produiront jamais aucun bon résultat ; tandis que, lorsque la terre a été parfaitement détrempée avant que la graine y ait été déposée, la levée est rapide, régulière, telle enfin quelle doit être pour constituer un semis bien réussi.

Les irrigations peuvent être continuées aux jeunes cotonniers pendant toute la période de leur croissance, à des intervalles qui ne peuvent guère être précisés, mais qui doivent être calculés, cependant, de façon à ne pas trop surexciter la végétation par leur fréquence. On doit se guider à cet égard sur la faculté absorbante ou évaporante du sol auquel on a affaire, et sur le développement des plantes qui ne doit pas être activé au point de devenir luxuriant.

L'abus des arrosements amènerait très certainement un résultat tout opposé à celui que l'on veut atteindre. Les cotonniers qui y seraient soumis prendraient un fort beau développement, très flatteur à l'œil sans doute, mais cet excès de vigueur aurait pour effet de reculer beaucoup la formation des fleurs et des capsules ; par suite, d'exposer au risque d'empêcher la maturité de s'effectuer avant la venue des mauvais temps d'hiver.

Le point capital, vers lequel tous les efforts doivent tendre, c'est d'obtenir des plantes bien constituées, d'un développement moyen et produisant d'abondantes capsules dont la maturité soit aussi précoce que possible.

Pour arriver à ce résultat si important, les irrigations doivent être données seulement pendant la période qui est principalement caractérisée par la croissance du végétal, c'est-à-dire jusqu'au moment où apparaissent les organes de la fructification. Les arrosements doivent être modérés à partir de l'épanouissement des premières fleurs.

S'ils étaient continués en excès pendant la formation des capsules, la sève se porterait à l'extrêmité des rameaux pour continuer un prolongement foliacé inutile, au détriment du développement des fruits et des filaments qu'ils renferment.

Trois ou quatre arrosages par irrigation, qui devraient absorber environ trois mille mètres cubes d'eau pour une surface d'un hectare, suffisent ordinairement depuis le semis jusqu'au moment où il est à propos de les cesser.

§. 8 — ÉCLAIRCIES, SARCLAGES ET BINAGES.

On sème ordinairement beaucoup plus de graines qu'il ne faudrait de plantes pour occuper le terrain, et cela dans le but de parer aux éventualités qui pourraient amener des vides dans la plantation. Lorsque le développement des jeunes cotonniers est en quelque sorte assuré, et qu'ils ont pris trois ou quatre feuilles au-dessus des cotylédons, il est temps d'éclaircir et de supprimer, en les arrachant, ceux qui sont superflus. On conserve une ou deux plantes au plus, dans chaque potet ; si le semis a été fait en ligne on ne peut laisser moins de quarante centimè tres entre chaque plant ; dans les terres très fertiles, l'espacement sur la ligne, entre les plantes conservées, doit être beaucoup plus considérable.

Les binages ne sauraient être trop recommandés; ils sont pour ainsi dire le complément indispensable des arrosages, et, dans tous les cas, ils contribuent puissamment à conserver et à prolonger l'humidité acquise au sol. Ils le divisent, l'ameublissent, et le rendent plus facilement pénétrable par l'air, dont les racines des plantes ont un besoin indispensable pour accomplir leurs fonctions, et dont elles sont en grande partie privées lorsque la terre est en quelque sorte fermée par une croûte dure et compacte à sa surface. Les binages sont encore indispensables pour détruire les herbes adventices qui croissent spontanément dans le sol et disputent aux plantes cultivées les élements de nutrition qui y sont répandus. On peut dire que les binages effectués chaque fois que la terre est durcie à sa surface et que les herbes adventices apparaissent, sont toujours de la plus haute utilité pour le succès de la culture, et que les dépenses auxquelles ils donnent lieu sont de simples avances que l'on retrouve, avec un large intérêt, dans le produit de la récolte.

Les binages exécutés à bras d'hommes exigent de dix à quinze journées de travail par hectare, selon l'état de propreté et de culture du champ. Le meilleur instrument à employer pour ce travail, à moins que la terre ne soit par trop compacte, est la binette flamande, dont on se sert avec tant de succès, dans le département du Nord, pour le binage des betteraves, des colzas, des pommes de terre et de toutes les plantes sarclées.

Dans les cultures en grand, et lorsque les lignes de cotonniers ne sont pas espacées de moins de quatre-vingts centimètres, on trouve avantage et économie à exécuter les binages au moyen de la houe à cheval. Deux hommes et un cheval peuvent facilement faire un hectare et demi par jour, et même l'un des deux hommes étant destiné à conduire le cheval, peut très-bien être remplacé par un enfant de douze à quinze ans. Il est ensuite nécessaire de consacrer plusieurs journées à bras d'hommes pour biner, dans les lignes, les intervalles qui n'ont pu être travaillés par l'instrument attelé.

Dans un pays comme celui-ci, où la population est encore rare, et où les bras sont très-recherchés, on doit s'attacher de plus en plus à l'emploi des machines en agriculture. Avec les machines on trouvera la possibilité d'étendre largement la production agricole, que les difficultés de la main-d'œuvre semblent devoir restreindre à des proportions qui sont bien au-dessous des besoins de la consommation générale.

§ 9. — DE L'ÉCIMAGE.

Dès que les premières fleurs commencent à paraître, et à s'épanouir, on écime les plantes, c'est-à-dire que l'on retranche la partie herbacée qui termine la tige principale. Cette opération a pour but de faire refluer la sève dans les rameaux qui portent les capsules, de donner plus d'ampleur à celles-ci et d'en hâter et égaliser la fructification.

On fait la même opération sur les rameaux latéraux lorsqu'ils s'emportent trop en végétation.

C'est surtout dans l'arrière saison que l'écimage doit être pratiqué avec énergie. Il ne faut pas craindre d'enlever toutes les extrêmités portant des capsules qui sont peu avancées et qui n'ont que peu de chances d'arriver à maturité.

En général, on néglige trop l'écimage, on hésite à retrancher des parties vigoureuses qui flattent la vue, et cependant c'est le moyen d'arriver à obtenir une fructification plus hâtive et plus abondante.

§. 10. — MALADIES DES COTONNIERS.

Les maladies qui ont affecté les cotonniers en Algérie sont peu nombreuses jusqu'à ce jour, et ne proviennent guère que de l'influence des variations atmosphériques.

Nous ne considérons pas comme maladie l'état de souffrance qui peut résulter, pour les cotonniers, de leur culture dans des terrains humides et froids, ou qui est occasionné par la sécheresse. Dans ces deux cas, ces végétaux n'ont pas été évidemment placés dans le milieu qui est approprié à leur nature.

Les jeunes cotonniers, alors qu'ils n'ont que trois ou quatre feuilles, sont sujets à la *cloque*, qui est occasionnée par un abaissement subit de température, et par le passage de courants d'air plus froids que l'atmosphère dans laquelle ils vivent ordinairement.

La végétation s'arrête alors ; les feuilles sont recoquillées et boursoufflées ; elles prennent une teinte pâle et deviennent comme chlorosées. Cet état de souffrance amène des parasites qui viennent compliquer le mal. Des pucerons, en plus ou moins grand nombre, envahissent la surface inférieure des feuilles, et, par leurs nombreuses piqûres, font extravaser la sève, dont ils se nourrissent. Les fourmis ne tardent pas d'ordinaire à paraître, et viennent, à leur tour, sucer les pucerons, qui distillent une matière sucrée dont elles sont friandes.

Dans cet état de choses, les cotonniers ne se rétablissent et ne reprennent leur vigueur que lorsque la température a repris sa marche ordinaire et qu'elle s'élève en se stabilisant. Un binage donné avec soin accélère beaucoup le rétablissement des cotonniers dans ce genre d'affection qui, bien souvent, ne se déclare que parce que les cotonniers ont été semés trop tôt.

La chute des feuilles, des fleurs et des capsules est également dûe à des courants d'air froids qui abaissent instantanément la température, et aussi à l'apparition de brouillards épais. Cet état maladif amène les mêmes accidents qui ont été indiqués ci-dessus; les pucerons apparaissent en très-grand nombre et viennent aggraver le mal. C'est encore par les binages que l'on arrive le mieux à rétablir la vigueur des plantes, en cette circonstance.

§. II. — ENNEMIS DES COTONNIERS.

Les cotonniers, ainsi que la plupart des végétaux, sont attaqués par des insectes, qui en font leur pâture ou qui s'en servent comme d'auxiliaires pour assurer la conservation de leur postérité. La main de l'homme est presque toujours impuissante à réprimer les dégâts qu'ils commettent et qui sont quelquefois de nature à compromettre des récoltes entières. Je me hâte de dire, cependant, que les cotonniers ne sont attaqués que partiellement par les insectes et jamais au point d'en diminuer notablement les produits.

La *courtillière* (Gryllus), *cut-woorm* des Américains, se trouve parfois en abondance dans les lieux irrigués. Elle coupe les racines des jeunes cotonniers. On la détruit difficilement, et l'on n'a guère que la ressource, pour cela, de rechercher ses galeries et d'y faire couler de l'eau bouillante, ou de l'eau froide, après laquelle on verse quelques gouttes d'huile.

Les larves du hanneton à foulon (*Melolontha fullo*), rongent aussi les racines des cotonniers. Dans les endroits où elles sont nombreuses, on les ramasse pendant les labours.

Dans les terrains légers et sablonneux, un coléoptère oblong, de couleur noire, l'érodie bossue (*Erodius gibbosus*), coupe les jeunes cotonniers à fleur de terre, alors qu'ils sont encore tendres et n'ont que les cotylédons. Cet insecte se promène le matin pour commettre ses déprédations, et c'est alors qu'on lui fait la chasse, en le ramassant.

Les sauterelles (*Locusta*) mangent partiellement les feuilles des cotonniers et ne sont réellement redoutables que si leur nombre devenait par trop considérable.

La sauterelle voyageuse, ou criquet voyageur (*Acridium migratorium*), est très-redoutable. Les invasions de cet orthoptère sont terribles et portent avec elles la dévastation, non seulement dans les champs de cotonniers, mais dans toutes les cultures en général. Heureusement ces invasions sont rares. Le seul moyen d'atténuer le ravage de ces myriades de destructeurs est de battre le champ, de les forcer à s'envoler et d'éviter qu'ils n'y couchent, car, c'est le matin, au lever du soleil, qu'ils mangent avec plus de voracité, et alors, én quelques heures, toutes les parties herbacées, feuilles, fleurs, rameaux des végétaux cultivés, peuvent disparaître.

Les pucerons, qui sucent la sève des cotonniers, sont consécutifs des maladies asthéniques dont il a été parlé plus haut.

L'eumolpe de la vigne (*Eumolpus vitis*) attaque quelquefois les feuilles des cotonniers et autres malvacées, mais il ne cause pas, d'ordinaire, de grands dommages.

Enfin, il y a une espèce de petite punaise qui apparaît en très-grand nombre, à certaines époques, dans les capsules du cotonnier arrivées à maturité. Ces insectes n'ont pas paru, jusqu'à ce jour, causer d'autre mal au coton contenu dans la capsule, que de le noircir sur certains points.

§. 12. — ANTIPATHIES DES COTONNIERS.

Le cotonnier craint le voisinage immédiat des arbres; il aime les champs découverts, où les racines des grands végétaux ne puissent disputer le sol aux siennes, et où l'ombrage des rameaux des espèces ligneuses ne vienne pas se projeter sur lui.

Les cultures intercalaires, faites dans le but d'obtenir double produit à la fois, lui sont manifestement nuisibles, et diminuent considérablement la somme de produit qu'il aurait pu donner. On obtient, il est vrai, deux récoltes à la fois, mais ces deux récoltes n'en valent pas une bonne de l'une ou l'autre sorte.

J'ai vu cultiver dans le coton, à titre de plantes intercalaires, des pommes de terre, des fèves, des haricots, du tabac, des pastèques, du maïs. Toutes avaient considérablement nui au développement des cotonniers, tandis qu'elles-mêmes, n'avaient pas donné, la plupart du temps, des résultats plus satisfaisants.

Mieux vaut donc cultiver chaque sorte de plante séparément, que de les mélanger dans le même champ, le cotonnier, en particulier, se trouvant fort mal de cet arrangement.

§. 13. — SOINS A DONNER AUX PLANTATIONS DE COTONNIERS DE PLUSIEURS ANNÉES.

Quoique la possibilité de conserver utilement pendant plusieurs années la même plantation de cotonniers ne soit pas encore bien constatée; quoique l'avantage que peuvent présenter ces plantations conservées, sur celles renouvelées chaque année, n'ait pu encore être positivement démontré jusqu'ici; nous croyons qu'il n'en est pas moins utile, et très-important, que des expériences multipliées se poursuivent pour résoudre ces deux questions, et de donner ici quelques indications sur les soins dont il convient d'entourer ces plantations en vue de leur conservation.

Chacun, en effet, se rend compte de l'intérêt immense qui est attaché à la conservation des plantations de cotonniers pendant plusieurs années, si elle peut se réaliser. On obtiendrait ainsi des récoltes plus hâtives qui n'auraient coûté aucuns frais d'ensemencement. Reste à savoir cependant, si, tout compte fait, les frais d'entretien de plantations de ce genre ne seront pas aussi élevés que ceux résultant d'un ensemencement à nouveau et si, finalement, il y a avantage réel et général dans l'emploi de ce système.

Disons, à titre de renseignement, que nulle part, aux États-Unis même, dans la Caroline du Sud, on ne conserve les cotonniers pendant plusieurs années, et qu'on les resème à chaque printemps.

En Egypte, on les arrache généralement après la seconde année, persuadé que la récolte de la troisième année ne couvrirait pas les frais d'arrosage et d'entretien.

Voici, quant à l'Algérie, comment il convient de traiter ces plantations.

Dès que la récolte sera achevée, il conviendra de donner un léger binage en ramenant la terre en billon au pied des cotonniers et en formant entre les lignes une petite rigole. Cette façon d'hiver a pour but de rompre la croûte du sol, formée par les pluies violentes et le piétinement ; de *mûrir* la terre et la rendre très-meuble pour le printemps; d'empêcher les herbes d'envahir la plantation ; enfin de faciliter l'écoulement de l'exubérance des eaux pluviales, et diminuer ainsi la grande humidité du sol, cause qui nuit le plus à la conservation des cotonniers.

Vers la fin du mois de mars, lorsque les plus mauvais temps sont passés, on taille les cotonniers à trente ou trente cinq centimètres au-dessus du sol. On se sert, à cet effet, d'une serpette bien tranchante, ou mieux d'un sécateur, afin de ne pas ébranler les racines et éclater les branches.

Peu de temps après, on donne un bon piochage, en égalisant le terrain. Mais il faut faire bien attention de ne pas *éventer* les racines, ni les attaquer avec des instruments de culture. Le manque de soins à cet égard amènerait infailliblement la perte des plantes.

Ce n'est guère que vers les premiers jours de mai que la nouvelle végétation de ces cotonniers se dessine nettement, et c'est alors seulement que l'on peut distinguer les plants qui ont résisté complètement de ceux qui ont succombé. Il arrive souvent, en effet, qu'avant cette époque, beaucoup de sujets donnent des indices de végétation et succombent à la suite de cet effort.

Si on voulait regarnir les vides, on creuserait les places à remplacer avec une bêche, ainsi qu'il a été dit au chapitre des semis pour les petites cultures non irriguées. On sèmerait ensuite la graine par potets comme dans les semis ordinaires.

Dans les terrains irrigables, on pourrait arroser ces cotonniers dès la première quinzaine de mai, si le temps est au sec ; mais il ne faudrait, en tous cas, commencer les irrigations que lorsque la température est suffisamment élevée. On pourrait, dans cette circonstance, différer le semis de remplacement jusqu'à la première irrigation, en ayant soin de creuser auparavant la place ainsi qu'il a été dit. On mettrait la graine à demeure dès que la terre serait suffisamment ressuyée.

Après ces diverses préparations essentielles, ces plantations pourraient ensuite être binées, irriguées et conduites en un mot comme les plantations ordinaires.

§. 14. — CUEILLETTE OU RÉCOLTE DU COTON.

C'est ordinairement cinq mois après l'ensemencement que commence la maturité des premières capsules, c'est-à-dire vers la fin de septembre. Cette maturité est graduée selon le rang d'âge des capsules. Cette circonstance est favorable pour le travail en ce qu'il n'est pas nécessaire de réunir instantanément de grands efforts et un grand nombre de bras, difficiles à se procurer, pour sauver en quelque sorte cette récolte, qui ne menace pas de se perdre, par excès de simultanéité, comme celle des céréales, par exemple. Cependant, il est nécessaire que les récoltes partielles puissent se succéder à des intervalles peu éloignés, et que la maturité se concentre le plus possible dans la belle saison : toutes les opérations de culture doivent avoir pour objet essentiel, ainsi que je me suis appliqué à le démontrer dans le cours dece travail, de prédisposer les plantes à une maturation précoce. Et ceci n'est pas seulement important sousle rapport dela plus grande quantité de produits qui doit en résulter, mais encore pour que ces produits soient plus uniformes en qualité dans l'ensemble de la récolte. Il est bon de remarquer que les cotons obtenus pendant la belle saison, qui mûrissent dans de bonnes conditions, ont une valeur intrinsèque bien plus grande que ceux qui sont extraits des capsules alors que les intempéries et surtout le froid sont venus amortir la vitalité des cotonniers.

La récolte du coton est une opération très-importante, qui doit être l'objet de l'attention la plus soutenue, et dont l'exécution plus ou moins parfaite peut influer d'une manière très-notable sur la valeur manufacturière et commerciale du produit, surtout lorsque l'on vise à obtenir des cotons pouvant être classés dans les sortes supérieures.

La mise en œuvre des cotons s'est singulièrement perfectionnée et se perfectionne encore tous les jours. Les filés que l'on obtient aujourd'hui sont exécutés avec une rigueur en quelque sorte mathématique ; tous les brins composant un fil sont pour ainsi dire comptés à l'aide de machines de précision. On conçoit dès lors l'importance que les manufacturiers doivent attacher à ce que les cotons soient parfaitement assortis en finesse, en longueur, en force et en élasticité.

Le classement rigoureux, pour obtenir des qualités homogènes et pouvant être classées dans les sortes supérieures, ne peut être fait que par le cultivateur, au moment de la récolte et dans le champ même.

Quels que soient les soins que l'on ait mis à choisir des graines des plus belles variétés, soins indispensables d'ailleurs lorsqu'il s'agit des cotons à longues et fines soies, ces précautions, qui doivent toujours être observées, ne sont pas cependant encore suffisantes pour obtenir des filaments parfaitement homogènes.

Tous les filaments d'une même capsule n'ont pas la même longueur ni la même finesse ; à plus forte raison cette différence existe-t-elle entre les produits d'individus séparés, bien que croissant dans le même sol ; aussi ces produits se modifient-ils d'une manière plus générale sous l'influence d'expositions diverses et de terrains différents. Il importe donc de mettre à part, à mesure qu'on les extrait des capsules, les filaments qui diffèrent entre eux par la finesse, la longueur, la couleur, et de réunir les sortes semblables dans un compartiment particulier.

Les femmes et les enfants seront toujours les meilleurs auxiliaires pour la cueillette du coton, travail plus minutieux que fatiguant, et qui exige une certaine dextérité. Les cueilleurs suspendent après eux un sac de toile ayant autant de compartiments, ou poches, qu'il y a de catégories à tenir séparées dans les sortes de coton que l'on récolte. Il n'est pas présumable que l'on soit obligé d'établir plus de trois catégories dans la même cueillette : la première concernant les filaments les plus beaux, les plus longs et les plus soyeux ; la seconde, pour les filaments gros et courts ; et enfin la troisième, pour ceux qui sont tachés.

Indépendamment de ces distinctions à observer pendant la cueillette journalière, il convient d'établir aussi deux ou trois divisions dans l'ensemble des produits obtenus. On a remarqué, en effet, que le coton du milieu de la récolte, et provenant de la partie moyenne des plantes, est supérieur en qualité à celui qui est récolté le premier, lequel, se trouvant à la base des rameaux, est plus rapproché du sol, et que celui-ci est encore supérieur au dernier récolté. Il est donc indispensable de faire des divisions correspondant à ces divers états de la récolte. Le système de taille que j'ai indiqué, en égalisant la formation des capsules, tend à faire disparaître ces différences ; cependant, en supposant que l'on parvienne à ce résultat si désirable d'obtenir une identité parfaite entre la qualité des cotons provenant du commencement et du milieu de la récolte, il n'en sera pas moins de la plus haute nécessité de mettre à part les produits récoltés les derniers, lorsque les plantes commencent à s'amortir sous l'impression du froid, ainsi que ceux mouillés par la pluie, quand les capsules étaient épanouies avant qu'ils ne fussent recueillis.

Le coton qui a été mouillé, soit sur la plante, lorsque la pluie l'a surpris s'échappant de la capsule ouverte, avant d'avoir été ramassé, soit en tas, après la cueillette, se comporte très-mal à l'égrenage, quelque soin qu'on y mette, et fait considérablement de déchet. Son mélange avec les qualités supérieures ne sert qu'à les déprécier, et ne peut, en aucun cas tourner au profit du cultivateur.

On ne doit opérer la cueillette du coton que lorsque les capsules sont complètement ouvertes et que les filaments s'épanouissent par dessus les valves. Dans cet état, on prend la capsule de la main gauche, en la maintenant avec les doigts par dessous, tandis que les doigts de la main droite plongent dans l'intérieur, saisissent en une seule fois tous les filaments et les graines qui y sont contenus, et qui sont déposés à mesure dans le sac que le cueilleur tient suspendu après lui.

Plus la capsule est ouverte et plus l'extraction du coton est facile. Lorsque les capsules ne sont pas suffisamment ouvertes, quoique mûres cependant, au moment où l'on passe pour la cueillette, on leur donne tout l'écartement désirable en appuyant le pouce au centre, ce qui rend le coton plus facile à saisir.

Il ne faut pas arracher violemment le coton des capsules, lorsque celui-ci est encore pelotonné dans les loges closes, qu'il conserve de l'humidité, et qu'il n'est point encore entièrement formé, lorsque les graines ne sont pas suffisamment mûres et cèdent sous une pression légère des doigts.

C'est par cette pratique vicieuse que l'on mêle parmi de bons produits d'autres produits tout à fait mauvais, qui ne sont pas parvenus à maturité, qui se brisent ou s'en vont en poussière, et dont les graines blanches et vides parce qu'elles ont été détachées trop tôt, sont impropres à la germination, déprécient les bonnes semences, s'écrasent sous les cylindres pendant l'égrenage, et salissent le coton d'une manière désastreuse.

L'opération de la cueillette doit être faite délicatement ; il faut prendre garde de mêler au coton des matières étrangères, telles que les débris des feuilles sèches qui s'attachent et se mêlent à la soie avec la plus grande facilité, notamment les bractées ou petites feuilles florales situées à la base de la capsule, qui, desséchées, se brisent au moment où le coton est mûr.

Pour éviter de mélanger ces débris au coton, lesquels se détachent avec la plus grande facilité sous l'influence du soleil, les Américains conseillent de récolter le matin, par la rosée, sauf à faire sécher ensuite le coton au soleil.

Ce procédé peut être utile, en en usant avec précaution ; il pourrait y avoir danger à manipuler le coton lorsqu'il est mouillé par une rosée très-abondante.

Au fur et à mesure qu'on le récolte, le coton doit être étendu sur des claies en roseaux, dans un endroit bien sec et bien aéré. S'il n'a pu être ramassé par un beau temps et qu'il soit humide, il est nécessaire de le sortir pendant plusieurs heures au soleil, et de ne le laisser à demeure sur les claies que lorsqu'il est complètement ressuyé ; il achève ensuite de sécher dans cette situation. On ne peut mettre le coton en tas, sans danger, qu'au moment où la dessication de la graine est complètement achevée, et que celle-ci n'est plus susceptible de communiquer d'humidité aux filaments, ce qui ne peut guère avoir lieu que deux à trois mois après la récolte, pourvu toutefois que le coton ait séjourné dans un endroit très-sec et bien ventilé. Le coton mis en tas avant qu'il ne soit absolument sec ne tarde pas à fermenter, et il perd instantanément, pour ainsi dire, tout son nerf, se réduit en petits fragments avec la plus grande facilité, et n'a plus alors la moindre valeur.

Quelques cultivateurs ont essayé de faire la cueillette en détachant les capsules de la plante, pour les transporter au logis et en extraire ensuite le coton. Ce mode présente des inconvénients qui en font abandonner l'usage en temps ordinaire. On ne peut l'employer utilement, en effet, que dans les circonstances exceptionnelles, où la saison étant très-avancée et la récolte non encore terminée, les quelques capsules qui restent sur la plante n'ont plus de chances de s'ouvrir en temps opportun pour que le coton puisse en être extrait sur place dans une saison favorable.

La récolte faite en détachant les capsules, pour ensuite en extraire le coton au logis, présente l'inconvénient de demander deux fois plus de travail que si l'on enlève directement le coton de la plante en y laissant la capsule adhérente. Outre cet inconvénient, il se mêle au coton une multitude de débris de feuilles, principalement de bractées, débris qu'il est ensuite impossible d'enlever complètement, même en y consacrant un temps considérable.

Lorsque la récolte tire à sa fin, et que la saison devient assez mauvaise pour que l'on ne puisse plus espérer que ces dernières capsules s'ouvrent convenablement sur la plante, on prend le parti de les couper. M. Toussaint, de Paris, a imaginé la confection d'un instrument à deux tranchants, ressemblant à de petites cisailles, qu'il a nommé *cueille-coton* et qui est susceptible d'être employé utilement dans cette circonstance.

Les capsules détachées ainsi sont ensuite réunies sur des claies dans l'endroit le plus sec que l'on puisse avoir, où on les étend par couches minces. Elles s'ouvrent insensiblement dans cette situation, et bientôt on peut en extraire le coton. Mais ce produit est toujours d'une qualité inférieure à celui qui mûrit naturellement sur la plante.

On est assez généralement porté à appréhender que les pluies ne soient un obstacle en quelque sorte insurmontable à la récolte du coton. Heureusement il n'en est pas précisément ainsi. Les fortes pluies gâtent, il est vrai, le coton qui sort des capsules au moment où elles tombent ; c'est pour parer à cet inconvénient qu'il faut apporter beaucoup de vigilance à ramasser le coton à mesure qu'il s'échappe des capsules, surtout lorsque le temps est menaçant. Mais jamais la pluie ne pénètre le coton, tant que les valves des capsules restent closes, et jamais elles ne s'ouvrent tant que la pluie continue. Dès qu'elle a cessé, qu'il fait seulement une demi journée de soleil, surtout s'il règne un peu de vent, les capsules s'épanouissent comme par enchantement. L'on est tout étonné de voir presque instantanément le champ constellé d'une multitude de petits flocons qui ont la blancheur de la neige, et qui font le plus grand plaisir à observer.

La récolte du coton peut se continuer utilement jusqu'à la fin de janvier en observant les précautions que nous avons indiquées. Dans les États de Géorgie et de Louisiane, la cueillette du coton se prolonge jusqu'à la même époque, et commence à la fin de septembre. On voit que la maturité n'est pas mieux favorisée dans ces contrées qu'en Algérie.

§ 15. — RÉSERVE ET CHOIX DE LA SEMENCE.

Il s'agit ici d'une opération de la plus haute importance. Le succès des récoltes, comme la belle qualité des produits à obtenir sont incontestablement attachés aux soins judicieux que les cultivateurs mettront à choisir leur graine, et il est tout à fait indispensable, pour arriver à ce résultat, que chaque cultivateur prépare lui-même, et choisisse dans ses récoltes, la graine dont il a besoin pour ses ensemencements.

A cet effet, chaque cultivateur devra distinguer dans sa plantation les plantes qui réunissent le mieux les caractères répondant au type de la variété ou de l'espèce que l'on doit cultiver. Il choisira les plus précoces à fructifier et à mûrir, dont les capsules sont les plus nombreuses, dont les filaments sont les plus longs, les plus fins, les plus soyeux, les plus abondants. Il rejettera les récoltes du commencement et de la fin, et conservera soigneusement à part celles du milieu comme donnant des graines mieux nourries et mieux constituées.

L'égrenage de ce choix doit se faire à part et chez le cultivateur. S'il fait faire cet égrenage au dehors, il devra prendre ses précautions pour que la pureté de sa graine soit conservée.

Aux États-Unis, on regarde comme une bonne pratique de changer, de temps en temps, la semence du sol. L'expérience n'a pas encore démontré que cela fût indispensable en Algérie. Néanmoins c'est une précaution reconnue utile pour toute sorte de cultures par les praticiens les plus éclairés. Il paraît hors de doute, qu'en ce qui concerne le cotonnier, cette mutation, faite avec intelligence et discernement, par des cultivateurs qui prennent un égal soin de leur semence, et qui ne se trouvent pas dans des conditions trop dissemblables de sol, d'exposition et d'influences particulières, ne pourrait que contribuer au succès.

En vue de la conservation de la pureté des types, il est indispensable de tenir éloignées les unes des autres les variétés diverses que l'on aurait en culture, de façon à éviter réciproquement l'influence des poussières fécondantes pendant la floraison et empêcher ainsi les dégénérescences et les abâtardissements qui pourraient résulter de ce contact.

§ 16. — ÉGRENAGE DU COTON

L'égrenage du coton consiste à séparer les filaments de la graine, à laquelle ils adhèrent plus ou moins fortement.

Il y a des modes d'égrenage particuliers aux cotons à longues-soies et à ceux à courtes-soies.

Les cotons longue-soie s'égrènent au moyen d'une machine appelée Roller Ginn, que l'on fait mouvoir avec le pied et dont les pièces principales sont deux cylindres qui sont mus en sens inverse. Un homme la met en mouvement avec le pied tandis qu'il présente aux cylindres le coton étalé avec les deux mains.

Cette opération n'est satisfaisante qu'autant que l'on opère sur du coton parfaitement sec. Un homme peut égrener, par jour, jusqu'à trois kilogrammes de coton net.

Il y a d'autres machines à égrener qui produisent beaucoup plus de travail, mais aussi qui exigent une bien plus grande force. Elles ne peuvent convenir qu'à des établissements montés exprès pour l'égrenage, auxquels soit adaptée une force motrice puissante, soit une chute d'eau, soit une machine à vapeur.

L'égrenage de coton courte-soie ne peut se faire économiquement que par le moyen d'une machine puissante dite Saw-Ginn, et qui exige la force de deux à quatre chevaux, selon sa puissance, pour fonctionner. Celle dite de Carver est la plus perfectionnée et elle peut donner jusqu'à 300 kilogrammes par journée de travail effectif.

Dans l'égrenage des cotons longues-soies, comme des courtes-soies, il faut avoir égard aux recommandations qui ont été données pour la récolte, et avoir soin de tenir séparément les diverses qualités ; le moindre mélange pouvant amener une grande dépréciation de la matière à la vente.

§ 17 — DE L'EMBALLAGE.

L'emballage du coton à longues soies se fait dans de grands sacs que l'on suspend en l'air et dans lesquels un homme foule avec les pieds le coton que l'on dépose par lits.

Il faut avoir bien soin de ne mettre qu'une seule qualité dans une même balle. Cette balle étant achevée, doit être cylindrique et peut contenir de 100 à 150 kilog. de coton.

Le coton à courte-soie s'emballe au moyen d'une presse. On en fait des balles cubiques, de 100 à 200 kilogrammes. Comme pour les longues-soies, il faut éviter de mélanger plusieurs qualités dans une même balle.

§ 18. — RENDEMENT DE LA CULTURE DU COTONNIER.

Quoique la culture du cotonnier ait déjà plusieurs années d'existence en Algérie, nous ne savons encore rien de bien certain sur ce qu'elle produit et ce qu'elle coûte chez les cultivateurs. Les chiffres que l'on recueille près d'eux présentent des variations tellement grandes, tellement inattendues, qu'il est impossible de les contrôler les uns par les autres et de s'y arrêter.

Il est probable que les résultats de la campagne de 1855 donneront des renseignements qui permettront d'établir le rendement et le revient de cette culture avec exactitude et précision.

En attendant, nous croyons utile de donner quelques indications sur les rendements de cette culture aux Etats-Unis. Nous ne reproduisons aucun chiffre de revient, parce que là, ils paraissent tout aussi incertains qu'en Algérie. On ne sait, en effet, dans les renseignements qui nous parviennent, comment évaluer la main-d'œuvre donnée par l'esclave. On n'arrive qu'à des à peu près et rien de plus.

Dans les États atlantiques et à la Louisiane, le produit d'un acre est d'environ 300 livres de coton courte-soie égrené, ce qui revient à 335 kil. égrenés à l'hectare et à 1,005 kil. non égrenés pour la même mesure.

Dans les États du golfe du Mexique et à la Nouvelle-Orléans, le rendement, en courte-soie, est de 400 à 600 livres par acre, égrené. Ce qui, rapporté à l'hectare et au kilo, donne 450 à 671 kilogrammes égrenés, et de 1,350 à 2,013 kil. avec la graine.

Pour le coton Géorgie longue-soie, dans la Caroline du Sud et la Géorgie, le produit d'un acre est de :

100 à 150 livres de coton égrené, qualité courante, ce qui fait à l'hectare de 111 kil. à 167 kil. égrenés et de 444 à 668 kil. non égrenés ;

60 à 70 livres égrenés de *qualité fine*, ce qui donne à l'hectare de 67 à 78 kil. égrenés, et 335 à 390 kil. non égrenés ;

50 à 60 livres de qualité extra-fine, ce qui fait à l'hectare de 55 à 67 kil. égrenés, et 275 à 335 kil. non égrenés.

Nous donnons dans le tableau ci-contre le résultat des cultures comparatives et expérimentales faites par nos soins.

NOMS DES ESPÈCES.	ÉPOQUE moyenne de la maturité	POIDS du coton brut par hectare.	proportion du coton avec la graine.	PRODUIT du coton net par hectare.	VALEUR estimative du coton par kil. moyenne.	VALEUR brute du produit par hectare.
		kil.		kil.	fr. c.	fr. c.
Géorgie longue-soie	nov. et déc.	1.460	20 p. 0/0.	292	7 00	2.044 00
Jumel	—	1.676	22 —	375	3 00	1.125 00
Louisiane.........	oct. et nov.	2.260	30 —	678	2 25	1.525 00
Castellamarre.....	—	1.850	30 —	555	2 00	1.110 00
Malte et Ivice	—	1.725	30 —	517	2 00	1.034 00
Nankin	—	2.230	30 —	669	1 25	836 25
Macédoine	—	1.210	28 —	338	1 50	507 00
Kiang-Nan........	sept et oct.	1.024	25 —	261	1 50	391 50

De ces divers renseignements, on peut conclure que les rendements de la culture du coton en Algérie sont aussi élevés qu'aux Etats-Unis, que plusieurs cultivateurs les ont déjà dépassés, et qu'ils seront généralement supérieurs dans l'avenir.

Cette perspective doit engager les cultivateurs algériens à persévérer dans la voie où ils sont entrés.

Table des Matières.

Alger. — Imprimerie de A. BOURGET, rue Sainte, n° 2.

www.ingramcontent.com/pod-product-compliance
Ingram Content Group UK Ltd.
Pitfield, Milton Keynes, MK11 3LW, UK
UKHW021645260726
13994UKWH00003B/1288